揭秘恐龙王国

远古

YUANGU PULIE GAOSHOU

捕猎高手

雨田 主编

辽宁美术出版社

前言 QIANYAN

　　一提起恐龙，你首先想到的是什么？是雄霸地球的传奇，还是天下无敌的力量？是那流传世间的神秘故事，还是博物馆里令人震惊的巨大骨架？有人对恐龙充满恐惧，也有人对恐龙极度着迷，更多的人对恐龙非常好奇。

　　准备好了吗？翻开这套《揭秘恐龙王国》丛书，在严谨的科普知识、调侃的语言和逼真的图片中，了解这个曾经令人神往的远古时代，一起走进充满趣味和知识的恐龙王国。

编　者

揭秘恐龙王国 | JIEMI KONGLONG WANGGUO

CONTENTS 目录

阿贝力龙

体形特点

阿贝力龙是由角鼻龙类进化而来的,其身上保留了很多原始肉食性恐龙的特征。阿贝力龙的身形较小,体长最大可达到 6.5 米。阿贝力龙的头短而圆,咬合能力相对较弱,前肢短小,以后足行走。

小采熊提问

当猎物在阿贝力龙口中挣扎的时候,阿贝力龙是如何将猎物制伏的呢?

甘当配角

　　在巨型肉食性恐龙横行的时候,阿贝力龙没有冒险与它们争斗,而是甘心当一个配角,一直默默无闻地过着自己的生活。当那些巨型肉食性恐龙灭绝的时候,阿贝力龙终于体会到了"媳妇儿熬成婆"的滋味,它们对于南美洲的统治一直持续到白垩纪结束。

运气不佳

阿贝力龙化石的分布特点显示，这种恐龙除了统治南美洲外，还到过欧洲、亚洲和北美洲。但阿贝力龙的运气似乎很不好，它并不能与欧洲、亚洲和北美洲强大的肉食性恐龙竞争，因此在这些地区只是短暂停留，并没有留下太多的足迹。

南美洲霸主

生存于侏罗纪晚期的梁龙是北美洲霸主，而生存于白垩纪晚期的阿贝力龙被誉为南美洲霸主。白垩纪末期，巨型肉食性恐龙灭绝后，阿贝力龙处于南美洲食物链的最顶端，顺利地登上了南美洲霸主的宝座。

小笨熊解密

　　阿贝力龙的头骨是中空的，这种结构可以使阿贝力龙的头部自如活动，也能减小猎物在口中挣扎时的震颤，防止猎物逃脱。

行动敏捷

　　阿贝力龙的行动十分敏捷，能够快速奔跑，并利用前肢上的利爪迅速抓住猎物。阿贝力龙还长有锋利的牙齿，一旦猎物被其抓住就很难逃脱。

阿利奥拉龙

骨质脊突

阿利奥拉龙的头上有骨质脊突,而且雄性阿利奥拉龙头上的脊突比雌性头上的脊突更大些,这是它们用来炫耀自己以吸引异性的。

特暴龙的近亲

阿利奥拉龙又叫分支龙，是一种以后足行走的大型肉食性恐龙。它的身长大约为六米，身体强壮。因为阿利奥拉龙与特暴龙生存于同一年代和同一地区，因此古生物学家们推断，阿利奥拉龙与特暴龙可能是近亲。

小笨熊提问

阿利奥拉龙这么凶猛，那么小型恐龙是否可以通过逃跑的方式来躲避它呢？

小笨熊解密

　　阿利奥拉龙锋利的牙齿,使得它很凶猛,长而有力的后肢赋予它出色的奔跑能力,因此,小型恐龙在遭遇到它的时候很难逃脱。

残暴的猎食者

　　从阿利奥拉龙尖锐的牙齿判断,它与特暴龙一样,是一种凶猛残暴的猎食者,锐利的牙齿使它能够轻易地咬碎猎物的骨头。

13

艾德玛龙

与科学家同名

艾德玛龙生活在侏罗纪晚期的北美洲，它们不像其他多数恐龙是以形体特征或是以发现地的名字来命名的，而是为了纪念科学家比尔·艾德玛而命名的。

艾德玛龙属于兽脚类恐龙，和蛮龙在很多方面都非常相近，所以古生物学家推测，艾德玛龙和蛮龙很有可能是同一属的不同名称的恐龙。

小笨熊提问

艾德玛龙性情凶猛，它们是不是最厉害的恐龙呢？

古生物学家研究认为,同一个生态系统只能容纳一种大型猎食动物,在艾德玛龙生存的地点，它们是最厉害的，和不同地区的肉食性恐龙是无法做对比的。

霸王龙

最著名的恐龙

霸王龙是肉食性恐龙中出现最晚的一种,同时也是恐龙家族中最闪耀的"明星",它是肉食性恐龙中最大型、最具力量的一种,霸王龙也是目前被人类了解和认识的最著名的一种恐龙。另外,霸王龙也是世界上最凶猛的恐龙。

现代生物中的"霸王龙"

霸王龙是恐龙时代非常强壮的肉食性恐龙,如果问起哪种现代生物与霸王龙最接近,人们自然会想到老虎、狮子这样的凶猛动物,其实不然,基因分析表明,现代生物中,鸡的基因与霸王龙最为接近。

小笨熊提问

霸王龙十分凶猛,猎物一旦被它咬住还有逃生的机会吗?

小笨熊解密

霸王龙硕大的颚骨赋予了它惊人的咬合力，长而尖的牙齿使霸王龙一旦咬住猎物就不会轻易松口，所以一旦被霸王龙咬住，小型恐龙是很难脱身的。

形体特征

霸王龙长有非常大的头颅骨，并长有长而重的尾巴，尾端尖，在快速奔跑或者转弯时能够保持身体平衡。霸王龙的前肢短小，几乎与人的手臂一样长，但是前肢上长有利爪，是捕食行动中的致命武器。

霸王龙在恐龙世界中的"暴君行径"是名不虚传的。霸王龙能够猎杀同时期比自己体形更大的植食性恐龙。霸王龙的奔跑速度可达 40 千米／时，再加上身体强壮，恐怕没有什么猎物能逃过它的追杀。

雄性与雌性的不同

经过对霸王龙化石的深入研究,人们发现霸王龙的体形分为两种,一种是粗壮型,一种是纤细型,人们可能认为粗壮型的一定是雄性的,其实恰好相反,雌性霸王龙要比雄性霸王龙身形更大,力量也更大。

敏锐的视觉

与人一样，霸王龙的眼睛是朝向前方的，能够看到立体的东西，也能够准确地计算出与猎物之间的距离。

冰脊龙

冰脊龙最大的外形特征就是头顶长有一个梳子状头冠,但是,这个头冠非常脆弱,无法承受冲撞时的巨大力量,所以头冠并不是用于争斗的。古生物学家估计这个头冠很有可能是求偶用的,而且可能有艳丽的颜色。

生存区域

　　古生物学家在极端严寒的南极洲发现了冰脊龙的化石,但早在侏罗纪时期,泛大陆还没有完全分裂,随着泛大陆的分裂,冰脊龙生存的这块大陆移动到了南极点,冰脊龙也因此成为了第一种被正式命名的南极洲恐龙。

小笨熊提问

冰脊龙的化石是在南极洲发现的,那么它们是一种能抵御严寒的恐龙吗?

小笨熊解密

　　在冰脊龙生存的年代,南极洲大陆是在地球赤道附近的,当时这块大陆上的气候温暖而湿润,所以冰脊龙并不需要抵御严寒。

昵称

　　冰脊龙还有一个非常响亮的名字,叫埃尔维斯(Elvis,美国著名摇滚歌手"猫王"的原名),这是因为冰脊龙头顶上的梳子状头冠与"猫王"的发型十分相似,所以才有了这个昵称。

体形中等

冰脊龙身长约 6.5 米,体重约 465 千克,这样的体形虽然无法与其他大型肉食性恐龙相比,但是凭借出色的捕猎本领,冰脊龙还是成为了其生存地域内的优势猎食者。

独特的鼻冠

冰脊龙长有一个独特的鼻冠,鼻冠位于眼睛的上方,垂直于头颅骨,即横向排列。

波斯特鳄

命名原因

波斯特鳄生活在北美洲的丛林中，它是以德克萨斯州的小镇波斯特命名的，波斯特鳄有些像鳄鱼和霸王龙的杂交后代，而且外形特点更接近鳄鱼，因此得名波斯特鳄。

科学家们在研究一具波斯特鳄化石的时候发现其腹中有 4 种不同动物的遗骸，这表明波斯特鳄是一种恐怖的猎食者，它们能够快速地抓住并杀死小型爬行动物。

小笨熊提问

波斯特鳄是靠什么来搜寻猎物的呢？

行走方式

对于波斯特鳄的行走方式,古生物学家们一直存在着争议。一些古生物学家认为,波斯特鳄可以以后足行走;也有古生物学家认为,波斯特鳄主要以四足行走,只有在冲刺的时候才会靠后肢发力。

身体结构特点

波斯特鳄头顶两侧有延长的脊,这些脊上有小的角状装饰,这些角状装饰可能是波斯特鳄在求偶时用来炫耀自己的。它们的颈部、背部和尾部还覆盖着鳞片一样的盾甲。

波斯特鳄的鼻子有一个很重要的特点，就是它们的鼻孔很大，因此专家推测它们很可能依靠灵敏的嗅觉来搜寻猎物。

捕食方式

波斯特鳄的体形不适于快速奔跑，但波斯特鳄经常从隐蔽处冲出，偷袭其他动物，并对其造成致命伤害，从而猎杀它们。波斯特鳄是三叠纪时期的优势猎食动物之一，绝大多数动物都会对这种动物敬而远之。

单脊龙

复原单脊龙

在中国新疆的准噶尔盆地中,古生物学家发掘出了单脊龙化石并重塑了这种恐龙，这种恐龙身长可达 5 米,体重可达 700 千克,是一种中型肉食性恐龙。

小笨熊提问

你知道单脊龙的冠饰有什么特点吗？

捕猎

　　单脊龙的上下颌较长，而且长满了锋利的牙齿,这让单脊龙在捕猎的过程中可以牢牢地咬住猎物的要害部位,再加上灵活的前肢,单脊龙可以轻松置猎物于死地。

更长的脖子

　　与其他原始的肉食性恐龙相比，单脊龙有更长的脖子，它们的脖子几乎和头骨的长度相当，而且长脖子非常灵活，这为单脊龙提供了更大的头部转动空间和更加开阔的视野。

单脊龙的冠饰与以往发现恐龙的冠饰有明显区别，这种冠饰不是鬃毛状片状头冠，可能是附着在头顶的骨质突起。

单一冠饰

单脊龙又叫单棘龙,这类恐龙的头顶长有单一冠饰,冠饰覆盖整个头颅骨,从头顶一直延伸到鼻子顶端。这一冠饰的最大用途很有可能是雄性单脊龙在求偶的过程中向雌性单脊龙炫耀自己的健康和强壮。

科普课堂

单脊龙身体结构匀称,在快速运动中有非常高的灵活性。单脊龙后肢强壮有力,可以快速奔跑,前肢短小但长有锋利的指爪,可以辅助猎食。

生活习性

　　单脊龙可能经常出没于水域周围，植食性恐龙饮水的时候必定会来到这一地区，而单脊龙可能就埋伏在这一地区的丛林中，趁机猎食。

迪 布勒伊洛龙

特殊的头骨

从发现的迪布勒伊洛龙的头骨化石我们可以看到,它的头骨非常长,这样长的头骨结构有利于迪布勒伊洛龙在水中捕鱼。

特殊的命名方式

迪布勒伊洛龙，这个名字听起来是不是很奇怪呢？它即不像霸王龙的名字那样体现了恐龙凶残的性格，也不像葡萄园龙的名字那样体现恐龙化石的发现地，这种恐龙是以发现化石的迪布勒伊家庭命名的。

小笨熊提问

你知道迪布勒伊洛龙有什么样的食性特点吗？

脊冠和角

现在所发现的迪布勒伊洛龙头骨上没有明显的长有脊冠或角的痕迹，但是目前只有这一具未成年的迪布勒伊洛龙化石，所以很难确认成年迪布勒伊洛龙头上是否有脊冠或角。

与巨齿龙类的亲缘关系

人们通过对其中空的头骨研究表明，迪布勒伊洛龙和巨齿龙类恐龙有着很深的亲缘关系，它们都有着同样的特点，前肢短而且有力，长有3指，后肢肌肉结实，尾巴平伸来保持身体的平衡。

迪布勒伊洛龙是一种肉食性恐龙，它和它的亲戚棘龙一样，专长都是用它那尖尖的长满尖牙的嘴巴在浅水区域捕捉那些滑溜溜的鱼。

顶棘龙

白垩纪欧洲的顶棘龙

顶棘龙是生活在白垩纪欧洲的一种肉食性恐龙,顶棘龙属于棘龙科下的一属,学名的意思是"高棘"。

"背帆"的作用

顶棘龙的"背帆"是向异性炫耀和争夺领地时的一种展示物,另外,"背帆"还可以帮助身形庞大的顶棘龙调节体温。

顶棘龙因长有"背帆"而得名，那么"背帆"有什么样的特点呢？

体形特征

顶棘龙是一种大型肉食性恐龙，古生物学家根据发现的化石推测，顶棘龙可能有 8 米长，重 1.5 吨，这使它们的生存威胁大大降低，也为它们成为优势陆地猎食者奠定了基础。

顶棘龙背上长有"背帆",在顶棘龙的背上部分,"背帆"最高,从背部到颈部和尾部逐渐降低,整体呈现"S"形。

最新研究

顶棘龙神经棘末端1/3段落有不规则的表面,这种特殊的身体结构可以增加顶棘龙的身体表面积,对于加强其调节体温的能力有重要作用。

恶 龙

特殊的下颚构造

恶龙的下颚结构很特殊，下颚上的第一颗牙齿几乎是水平前伸的，但是前排牙齿的尖端则向内弯曲，并且有细密的锯齿。

化石

目前发现的恶龙化石还不够完整，完整度只有约 40% 发现的化石中包含下颚、椎骨、前肢和后肢等部位。

小笨熊提问

恶龙的名字容易让人想到一个凶猛强壮的"大家伙"，那么恶龙究竟有多大呢？

你知道吗

恶龙是在非洲东南部的马达加斯加岛发现的，恶龙属于西北阿根廷龙类，恶龙的发现说明了西北阿根廷龙类恐龙的分散性，它们不仅仅生存在白垩纪晚期的南美洲，甚至分布于马达加斯加及非洲。

食性特点

恶龙的牙齿在恐龙家族中可以说是独一无二的,恶龙可能利用这种特殊的牙齿捕食鱼类或小型爬行动物,它们的"食谱"很可能多种多样。

双足恐龙

从恶龙的化石可以看出,恶龙有着粗壮的后肢,前肢和后肢相比短很多,这样的化石结构显示出了恶龙是双足恐龙。

通过对恶龙化石的分析，生物学家发现恶龙虽然很凶猛，但是它们的体形并不是很大，它们的身长只有 2 米，这样的体形在恐龙家族中属于小型恐龙。

特殊的骨骼结构

恶龙的骨骼结构很特殊，表现在它们的趾骨比较发达，腕骨较圆，髂骨和耻骨的关节像插座般排列。

哥斯拉龙

肉食性恐龙

哥斯拉龙生活在三叠纪晚期,化石发现于美国新墨西哥州,是当时的大型肉食性动物之一,它们以小型恐龙为食,同时也捕食其他动物。

北美洲最大的猎食者

哥斯拉龙是最早出现的主要兽脚类恐龙之一，与后来的肉食类恐龙相比，它们的体形相对较小，但是它们也曾经是北美洲最大的猎食者。

哥斯拉龙在捕食的时候有什么身体优势呢?

外形特点

目前已发现的哥斯拉龙化石是一个未成年个体,古生物学家根据这具未成年个体的特点,推测出了成年哥斯拉龙的外形特点。成年哥斯拉龙体形修长,身长约5.5米,体重150~220千克,有相对较长的脖子和尾巴。

哥斯拉龙的体态轻盈,能够快速奔跑追捕猎物。而且,哥斯拉龙是群体捕食的,它们认为"龙"多力量大,这样又大大增加了捕食成功率。

"哥斯拉"原本的含义是"恐龙之王",这个名字听起来十分响亮,哥斯拉龙名字的名气已经远远超过了其本身和其化石的名气。

棘龙

最大的陆地肉食性动物

　　棘龙主要生活在炎热的沼泽地区，它们的脸部狭长，身长约 18 米,体重可达 14 吨,是目前为止人们已知陆地上最大的肉食性动物,甚至比霸王龙还要大。

小笨熊提问

棘龙背上的帆状物有调节体温的作用,那么帆状物是如何做到这点的呢?

科普课堂

与今天的鳄鱼一样,棘龙是一种水陆两栖的动物。它们居住在水边或沼泽地带,主要以捕食鱼类为生。除了捕食鱼类之外,棘龙也捕食龟类、鸟类,当然,它们还会来到陆地上捕食那些体形比自己小的恐龙。

威胁对手的帆状物

棘龙之所以有魁梧的身材，一个很主要的原因就是它们背上巨大的帆状物。它们的帆状物高约两米，内部由脊骨支撑。科学家们认为，棘龙如此明显的帆状物能够起到威胁其他对手的作用。

小笨熊解密

专家推测在天气寒冷的时候，棘龙可能会在太阳下张开自己的帆状物吸收热量；而在天气炎热的时候，它们会在阴凉的地方张开自己的帆状物散发热量，从而达到调节体温的作用。

捕食优势

　　棘龙作为一种大型肉食性恐龙有两方面的捕食优势：一方面，棘龙前肢上长有利爪，后肢十分强壮，身手敏捷，能够迅速地追捕到陆地上的猎物；另一方面，它们的牙齿尖锐而弯曲，能轻易地抓住体表光滑的鱼类。

吸引异性

　　现生的很多动物都会有一个特殊的身体结构，它们会利用这种特殊的身体结构吸引异性。棘龙的帆状物很可能也有这种功能，帮助其在求偶的时候吸引异性。

卢雷亚楼龙

小笨熊提问

与其他兽脚类恐龙相比,卢雷亚楼龙有什么特别之处?

庞大的体形

　　卢雷亚楼龙是一种生活在侏罗纪晚期的肉食性恐龙，体形较大，已发现的卢雷亚楼龙化石是一个亚成年个体，身长约4.5米。卢雷亚楼龙的生长速度比较缓慢，它们需要10年的时间才能够完全生长，而当它们生长完成后，身长能够达到8米。

孵蛋行为

古生物学家除发掘出了卢雷亚楼龙的骨骼化石外,还发掘出了约 100 颗卢雷亚楼龙的蛋化石。在这些蛋化石中,有些还保存了胚胎化石。在卢雷亚楼龙的巢穴中,还发现了鳄鱼的蛋与胚胎,这显示卢雷亚楼龙也会帮助其他物种孵蛋。

命名原因

1982 年,古生物学家在葡萄牙的卢雷亚楼地区发掘出了一具恐龙化石,这种恐龙化石从未被发现,后来,古生物学家就以发现地的名字将这种恐龙命名为卢雷亚楼龙。

卢雷亚楼龙是第一种吞食胃石的兽脚类恐龙。而且经过古生物学家的证实，这些胃石是卢雷亚楼龙主动吞食的，并不是它们在进食的时候误食的。

马普龙

南方巨兽龙的近亲

　　马普龙生活在白垩纪晚期的阿根廷，属名意为"大地蜥蜴"。马普龙虽然属于鲨齿龙科，但是与南方巨兽龙关系更近，是南方巨兽龙的近亲，体形与南方巨兽龙也十分类似。

小笨熊提问

作为一种巨型肉食性恐龙，马普龙是怎样猎食的呢？

马普龙与南方巨兽龙虽然是近亲，但是两者之间也存在着一些区别。马普龙长有厚且表面凹凸不平的鼻骨，颈椎上有较小的前脊板，颈椎上的神经棘边缘较锐利，神经棘高而宽，坐骨干弯曲等。

庞大的猎食者

与马普龙几乎生活在同一时期和同一地点的阿根廷龙可能是马普龙主要的捕食对象。而阿根廷龙是一种大型植食性恐龙，要想捕杀它们，马普龙必须进化出庞大的体形，只有这样才有能力与大型植食性恐龙相抗衡。

玫瑰马普龙

　　玫瑰马普龙是马普龙的一个种，因化石发现于玫瑰色岩石而得名。与其他种相比，玫瑰马普龙存在一些特别之处：玫瑰马普龙颧骨的上方分裂成两个叉，下颌骨的前孔小等。

　　尽管马普龙的身形较大，但是为了提高捕食效率，马普龙还是会集体猎食，共同围捕大型猎物。但马普龙究竟是有组织地集体猎食还是随机地集体猎食我们还不得而知。

玛君龙

小笨熊提问

玛君龙的头上长有额角，那么它们的额角有什么作用呢？

体形特征

　　玛君龙是一种体形中等的肉食性恐龙，身长约 6 到 7 米，根据大型个体的化石显示，有些成年玛君龙的身长可以超过 8 米，成年玛君龙的体重大概有 1 100 千克，最重的可能会超过这个数据。

牙齿特点

　　玛君龙上下颚前端的牙齿向内弯曲，而口内的牙齿垂直，这样的牙齿特点说明玛君龙在捉住猎物后，会直接撕碎并吃掉猎物，而不会轻易拖着猎物转移到其他地方。

特殊的头颅骨

玛君龙的头颅骨和其他恐龙的头颅骨之间有很大区别，玛君龙的头颅骨很长，并且很厚，更特别的是它们头颅骨的表面是粗糙不平的，这样的头颅骨在恐龙中很少见。

行走方式

玛君龙的前肢和后肢很有特点，让人可以很容易地猜测到它们的行走方式。玛君龙的前肢非常短小，不具备行走能力，但是后肢却既粗壮有力，又比较长，所以古生物学家推测玛君龙以后足行走。

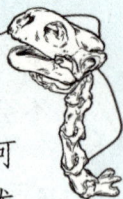

　　玛君龙额角的内部是中空的，这样的结构可能会使额角脆弱，不利于直接撞击，所以古生物学家推测，玛君龙的额角可能只是作为展示物使用。

同类相食

　　虽然玛君龙在其生存年代有很多食物来源,但是仍然有证据显示,玛君龙有同类相食的现象。但目前还不能确定,玛君龙是主动猎食自己的同类,还是以同类的尸体为食。

猎食方式

　　多数兽脚类恐龙一般采用与犬科动物类似的猎食方式来猎食。但玛君龙的猎食方式更类似于猫科动物。它们会用短而宽的口鼻部紧紧咬住猎物,直至猎物被制伏。玛君龙的颈部粗壮,肌肉发达,增加了头部的稳定性,能承受住猎物的挣扎。

南方巨兽龙

南方巨兽龙有着一个大大的脑袋，目前发现的最长的南方巨兽龙头骨标本长 1.92 米，被认为是目前发现的最长的肉食性恐龙头骨。

体形特征

　　南方巨兽龙是一种大型肉食性恐龙，头部很大，下巴略呈方形，硕大的嘴巴里长了一口锋利的牙齿。为了支撑硕大的体形，南方巨兽龙有一身强壮的骨骼，而它们的尾巴则又尖又细又长。

小笨熊提问

　　牙齿是南方巨兽龙成为掠食者的关键因素之一，那么它们的牙齿有什么特点呢？

可怕的掠食者

南方巨兽龙栖息在森林地区,是十分可怕的掠食者。南方巨兽龙的嗅觉十分灵敏,它们能通过嗅觉判断出猎物的大概位置。一旦发现猎物,南方巨兽龙会依靠强大的后肢迅速地冲向猎物,并用锋利的牙齿对猎物进行攻击。

又大又重

南方巨兽龙是人们目前已知的身长第二、体重第三的肉食性恐龙。南方巨兽龙的体重相当于125个成年人的体重之和。

南方巨兽龙的嘴中满满分布着 20 厘米长的牙齿，这些牙齿呈薄薄的匕首状，这样的牙齿适合切割，但是不适合撕咬。

灭绝

　　大约 9 200 万年前,南方巨兽龙走向了灭绝,被更强大的肉食性恐龙所取代。天气变化和食物的短缺可能是南方巨兽龙灭绝的主要原因。

高智商的肉食性恐龙

古生物学界一直认为体形庞大的肉食性恐龙的智力较低，但是南方巨兽龙的社会行为可能比我们想象得要复杂。古生物学家推测，南方巨兽龙有群居的观念，并且群体猎食，以提高捕食效率。

鸟鳄

恐龙的祖先

　　鸟鳄是一种陆生槽齿类动物,恐龙就是由槽齿类动物进化来的,所以鸟鳄可以说是恐龙的祖先。鸟鳄与早期恐龙长得十分相像,这点可以从侧面证明鸟鳄是恐龙的祖先。

鸟鳄平时以四足行走，但是从它们后腿向下延伸的姿势和其他身体机能分析，它们很可能可以用后足站立或行走。这个特征与暴龙十分相似。但是鸟鳄的脚掌上有5根脚趾，而暴龙的脚掌上只有3根脚趾。

小笨熊提问

　　鸟鳄是三叠纪时期最大的猎食者，它们以什么为食呢？

体态特征

　　鸟鳄的身长约四米,头部细长,但是十分轻巧,上颚很长,并向下弯曲盖在下颚上,眼窝前方有颅孔。鸟鳄的牙齿很大,形似弯刀,四肢健壮,尾巴很长,背部有两排坚硬的鳞甲。

物种的延续

　　在鸟鳄生存的时代,地球上的恐龙数量并不多,但随着地球生态环境的剧变,地球上的物种也发生了很明显的变化,后来出现的肉食性恐龙继承了鸟鳄的猎食习性,并慢慢地成为地球上的顶级猎食者。

鸟鳄在三叠纪晚期分布广泛，它们主要以同样分布广泛的异平齿龙为食。有时，鸟鳄也会猎食昆虫或蜥蜴。

皮亚尼兹基龙

体形中等

　　皮亚尼兹基龙生存于侏罗纪中期的南美洲,是一种兽脚类恐龙。1979 年,古生物学家发掘出了皮亚尼兹基龙的化石,并将其命名。从化石判断,皮亚尼兹基龙的体形中等,身长约 4.3 米,体重 275~450 千克。

小笨熊提问

皮亚尼兹基龙体形不大，在捕食的时候有优势吗？

你知道吗

?

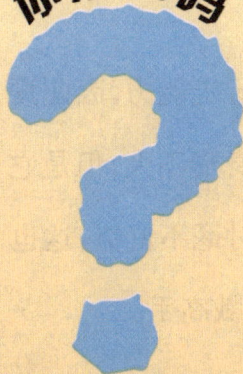

古生物学家发现，皮亚尼兹基龙有特殊的脑壳构造，最为突出的是它们极为短窄的蝶状骨，在欧洲发现的皮尔逊龙也具备这个特征，这样的特征很有可能是兽脚类恐龙共同具有的结构特点。

杀戮高手

皮亚尼兹基龙前肢较短,不具备行走能力,因此皮亚尼兹基龙以后足行走。虽然它们的身形不大,但是它们的性情十分凶猛,面对植食性恐龙时毫不留情,这也使其成为了远古美洲大陆上强大的杀戮高手。

皮亚尼兹基龙的前肢十分粗壮，前肢上还长有大型锋利的指爪，抓取猎物时十分有力，猎物一旦被它们抓住很难逃脱。另外，皮亚尼兹基龙还会群体猎食，以提高捕食成功率。

鲨齿龙

鲨鱼般的牙齿

鲨齿龙又叫望齿龙、噬齿龙、噬人鲨龙,生存于白垩纪早期到中期,是史上最大的肉食性恐龙之一。鲨齿龙的牙齿形状与噬人鲨的牙齿十分相似,这种恐龙因此得名鲨齿龙。

小笨熊提问

鲨齿龙作为一种强大的猎食者有什么独特的捕食方式呢?

鲨齿龙在长度上仅次于南方巨兽龙和埃及棘龙,是世界上第三长的肉食性恐龙,略微超过马普龙和霸王龙,但体重排在世界第四位。

外形特点

鲨齿龙的身长约 11~14 米,体重 6~15 吨。鲨齿龙头部宽大,但头骨较轻,它们有巨大的嘴部,嘴中长满了锋利的牙齿,最长的牙齿可能超过 20 厘米。鲨齿龙的头颅骨很长,最长可达 1.75 米。

小笨熊解密

鲨齿龙的牙齿虽然锋利,但是薄如刀片,难以咬穿猎物的骨头。因此鲨齿龙会利用牙齿不断攻击猎物的薄弱部位,致使猎物最终失血过多而死,从而猎食猎物。

气囊系统

鲨齿龙有一个有助于呼吸的气囊系统，在呼吸的时候，气囊系统能够保证氧气持续地流经肺部。鲨齿龙的气囊系统十分发达，与鸟类类似。

大众文化

起初，鲨齿龙并不被人们所熟知。但鲨齿龙在电视节目《恐龙星球》中出现过。此外，鲨齿龙还出现在一些电玩游戏中。

坎坷经历

1931 年，古生物学家们发现了鲨齿龙的牙齿和一些残骸，但纳粹空军在第二次世界大战中野蛮的炸掉了这具令人莫名其妙的鲨齿龙头骨化石。后来美国古生物学考察队深入非洲，终于在撒哈拉大沙漠找到了另外一个鲨齿龙头骨。

始暴龙

小笨熊提问

始暴龙与暴龙类恐龙有一个共同点,你们知道是什么吗?

早期暴龙

始暴龙生存于白垩纪早期,是一种生存年代较早的暴龙类恐龙,其属名也以这个特点来命名。作为一种早期暴龙类恐龙,始暴龙还没有进化出较大的体形,它们身长约四米,体重约两吨。

始暴龙的化石遗骸包括了幼体及亚成体的头颅骨、脊骨及其他骨骼，这些化石在植物堆泥床中被发掘。虽然化石并不完整，但这已经十分难得了。

原始特征

　　始暴龙的身上具备一些原始特征,例如,始暴龙的颈椎较长;前肢很长并进化完全;头颅骨顶端没有冠饰,这些特点都是后期的暴龙类恐龙不具备的。

始暴龙和其他暴龙类恐龙具有一个共同的特征,即如果把它们一颗主要的牙齿从中间截开,平均分为上下两个部分,其横截面呈"D"形,这是其他兽脚类恐龙都不具备的。

早期的"暴君"

　　始暴龙可能会猎食棱齿龙及禽龙等植食性动物。它们的前肢上的指很长，适合抓握猎物，称得上早期的"暴君"。

　　虽然古生物学家发掘出的始暴龙化石的完整度只有40%，但是这足以证明，他们发现的这些骨骼化石属于一种从未被发现的恐龙。始暴龙化石的发现是暴龙类恐龙进化史上重要的一环。

似鳄龙

类似鳄鱼

似鳄龙,是一种长相类似鳄鱼的大型棘龙类恐龙。似鳄龙的口鼻部狭长且扁平,颌部约有 100 颗牙齿,这样的特征与现代鳄鱼很像。

生存环境

似鳄龙生活在一亿多年前的撒哈拉地区,当时的撒哈拉地区还是一个多水、类似沼泽的环境。似鳄龙以捕食水生动物为生。

你知道似鳄龙是如何捕食鱼类的吗？

强壮斗士

似鳄龙生活在非洲地区,是一种体形巨大而且十分强壮的恐龙。似鳄龙身长约12米,高约4米,体重7吨左右。似鳄龙的前肢强壮,并长有镰刀状的指爪。似鳄龙的背部至尾部长有高大的延伸物,延伸物在臀部达到最高,科学家们推测,这种延伸物可能是帆状物或背棘。

自在呼吸

似鳄龙的鼻孔远离嘴部末端，这就使得它在把嘴巴伸进水里捕鱼时仍能呼吸顺畅；同时在把嘴巴伸进恐龙尸体中吃腐肉时也能自在呼吸。

小笨熊解密

似鳄龙站在水里，等待鱼儿从脚下穿梭游过，一旦发现目标就会张开大嘴、伸出锋利的指爪扑向猎物。凭借一张长嘴巴和锋利的牙齿，似鳄龙当之无愧称得上"沼泽杀手"。

牙齿特点

　　似鳄龙颌部的牙齿并不像人们想象得那么锋利,但是似鳄龙口鼻部末端的牙齿很长,这些牙齿稍微往后弯曲。似鳄龙的口鼻部末端较大,它们可以用长牙轻松地咬住滑溜溜的鱼。

与恐爪龙的关系

　　似鳄龙的长相与恐爪龙非常相似,恐爪龙也有强壮的前肢,以及镰刀状的指爪,但似鳄龙的体形要大于恐爪龙,因此一些古生物学家推测恐爪龙实际上是未成年的似鳄龙。

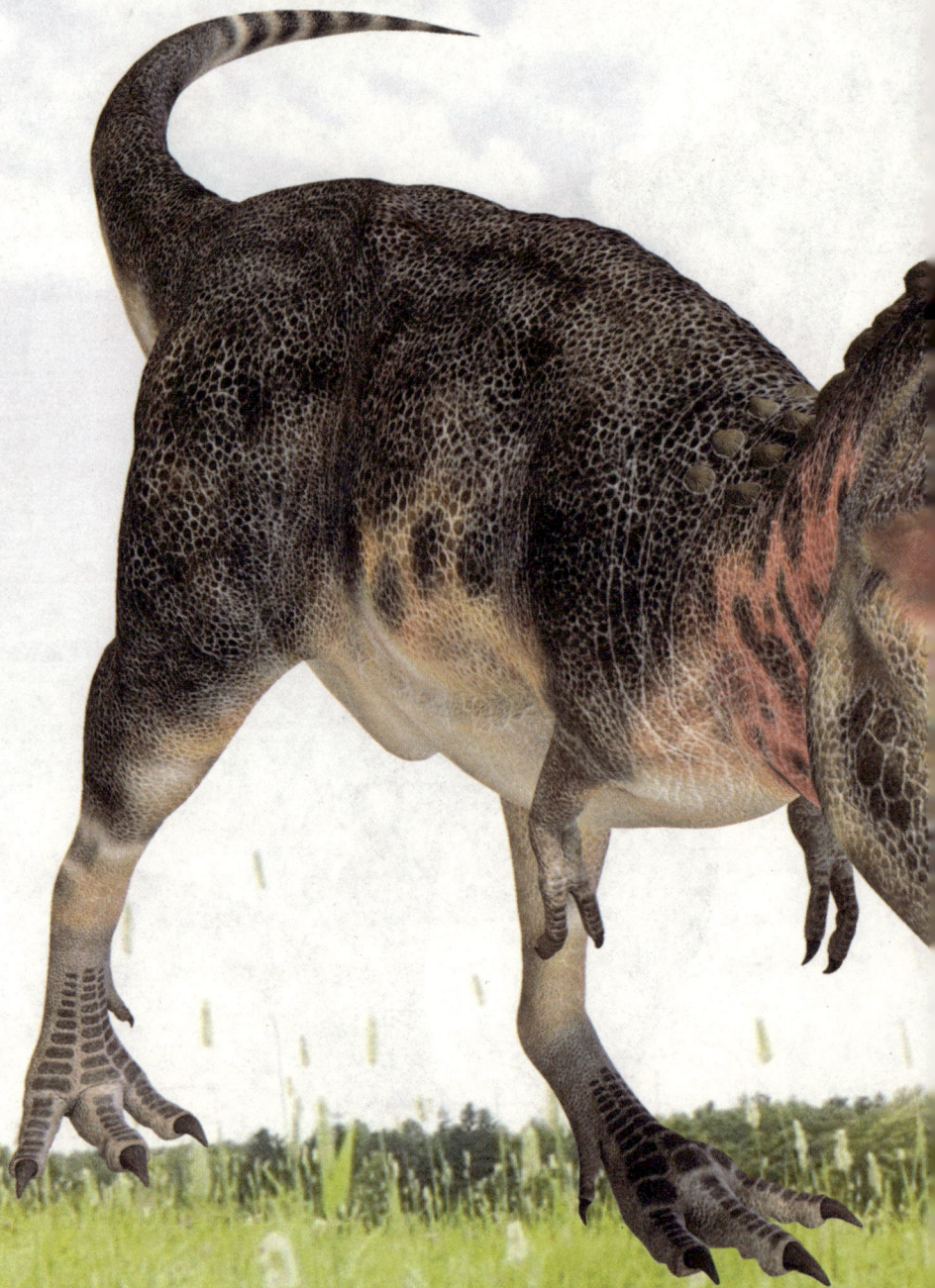

特暴龙

特暴龙与同属暴龙类的霸王龙有联系吗？

大头恐龙

特暴龙是在亚洲发现的体形最大的肉食性恐龙，仅仅比霸王龙小一点。特暴龙的头部很大，颈部呈 S 形弯曲，尾巴在多数情况下水平抬起。

后足行走

特暴龙长有锐利指爪的前肢很短，但是它们强壮有力的后肢可以支撑身体的重量，因此特暴龙以后足行走。在行走的过程中，长而重的尾巴可以平衡身体，将重心保持在臀部。

尽管特暴龙生存的年代比霸王龙要晚，与霸王龙的生存地点也不同，但仍然有许多科学家认为，它们是有共同祖先的恐龙。

听力良好

古生物学家在对特暴龙的头骨进行深入研究后发现，特暴龙的的听觉神经发达，这显示出特暴龙的听觉很好，特暴龙之间很有可能会通过声音沟通，而在捕猎的时候听觉也会起到一定的作用。

铁沁鳄

强大的陆地动物

　　在三叠纪时期,铁沁鳄成为了强大的陆地动物。生活在欧洲陆地上的铁沁鳄以捕食其他动物为生,是一种大型的肉食性爬行动物,除了自己之外的任何动物都是它们的捕食对象。

面部特征

　　铁沁鳄的头骨宽而扁，具有雕纹；吻部很长，外鼻孔位于吻端；牙齿呈槽状。

小笨熊提问

　　三叠纪时期的生存竞争很激烈，铁沁鳄是怎么脱颖而出成为强者的呢？

小笨熊解密

　　铁沁鳄之所以能够快速崛起,是因为它们已经演化出了直立的四肢,耐力更强。而铁沁鳄保存水分的能力则能使它们很好地适应三叠纪早期盘古大陆的干燥气候。

长而细的身材

　　铁沁鳄长着长而细的身体,四肢短小且直立,前肢比后肢略短。铁沁鳄的尾巴扁直,在垂直方向上呈浆状。背部和尾部披挂着骨质甲片的铁沁鳄看上去有点像长腿鳄鱼。

　　铁沁鳄主要以四足的方式行走,但是必要时它们能够依靠后肢支撑自己的身体。铁沁鳄的足踝与鳄鱼十分类似,它们的行走方式很有效率,奔跑起来也十分迅速。

暹罗龙

体态特征

暹罗龙生存于白垩纪早期的泰国,是一种兽脚类恐龙。由于挖掘出的暹罗龙化石并不多,所以人们对暹罗龙的了解并不十分全面。但古生物学家推测,暹罗龙的身长可达9.1米。暹罗龙头部和口鼻部较大,头顶长有角状物。

小笨熊提问

暹罗龙的名字有什么特殊含义吗？

行走方式

暹罗龙用巨大的后肢行走,由于头部庞大,而且武装着长而尖的大牙,所以头部比较沉重,必须靠一条坚硬且肌肉发达的尾巴来帮助平衡身体。

暹罗是东南亚国家泰国的古称,意为"自由之国"。暹罗龙的化石是在泰国发现的,因此这种恐龙得名暹罗龙。

以鱼类为食

目前人们对于暹罗龙所知甚少,但可以确定的是,暹罗龙是一种肉食性恐龙。从牙齿的结构上判断,暹罗龙是棘龙的近亲,主要以鱼类为食。

引鳄

笨重的身躯

引鳄是一种肉食性爬行动物,它们的身体庞大,且十分笨重。引鳄的头部很大,身长约五米的引鳄头部就长达一米。

捕食特点

引鳄主要以其他爬行动物为食,它们的上下颌能够狠狠地咬住猎物,绝不会给猎物留下逃跑的机会。引鳄口中有很多颗圆锥状的牙齿,十分锋利,能轻易把猎物撕碎。

小笨熊提问

引鳄是三叠纪时期最大的掠食动物之一,它主要以什么为食呢?

同时代的肯氏兽是引鳄的主要食物之一，但是科学家研究了化石记录后发现，肯氏兽的出现要晚于引鳄，因此引鳄也猎食其他动物。

中华盗龙

出身情况

中华盗龙又名中国盗龙。是兽脚类恐龙的一种,意为"来自中国的盗贼",生存于晚侏罗纪的中国。中华盗龙的身长经测量大约有 7.6 米,高度接近 3 米。目前已有两个被命名种,分别为董氏中华盗龙和和平中华盗龙。

小笨熊提问

中华盗龙这一物种的发现有什么重要的意义?

偶然发现

　　中华盗龙的发现很偶然,1987年8月,当时中加恐龙考察队员挖掘了很久,在休息时王海军在发掘地1号坑北面8米远的山坡拐弯处发现了中华盗龙的爪子化石,随后一副相当完整的恐龙骨架被挖出。

发现化石

最早的中华盗龙发现于准噶尔盆地石树沟组地层中，这是一具保存得相当完整的骨架，只缺少前肢及部分尾椎。由于是首次在中国发现这种兽脚类肉食性恐龙，所以将其命名为中华盗龙。

永川龙的近亲

中华盗龙与在四川发现的永川龙比较接近，但是头骨比永川龙更长更低。中华盗龙有锋利的牙齿和强壮的前肢，用于捕杀猎物。

小笨熊解密

中华盗龙在中国的首次发现,填补了中国在这种兽脚类肉食性恐龙发现上的空白,使人们更深层次地了解了以前从未被揭晓的秘密,因此中华盗龙的发现具有很高的学术价值。

中棘龙

肉食者

中棘龙是中华盗龙的一种,生存于侏罗纪中期的英格兰。中棘龙以其他同时代的恐龙为食,例如卡洛夫龙及其他小型植食性恐龙。

小笨熊提问

中棘龙与棘龙名字很像,二者有什么关系吗?

捕食能力

　　古生物学家估计，中棘龙是一种行动敏捷的猎食者，它们能在伏击中给猎物致命的攻击，也能在追逐的过程中置猎物于死地。

知之甚少

中棘龙的股骨长 80 厘米。根据葛瑞格利·保罗在 1988 年的估计,其完整体重约 1 吨。由于对中棘龙的所知甚少,所有重组图都只是根据其近亲建立的。

在电影《侏罗纪公园》中,其中一个玻璃瓶上标示着中棘龙的名称,但中棘龙没有出现在电影之中。根据托马斯·霍尔特的说法,这个玻璃瓶内的恐龙可能是上游永川龙,这个种在当时被葛瑞格利·保罗归类于中棘龙。

中棘龙与棘龙虽然名字类似，但却没有必然的联系。中棘龙属于中华盗龙科而不是棘龙科，中棘龙的学名是因其脊椎比一般肉食性恐龙的高，但又比高棘龙的短而定的。

小霸王龙的愿望

白垩纪，恐龙物种进一步增多。

一只小霸王龙出生了。

他看到各种恐龙都在为生存而努力。

霸王龙一天天长大，他听说大海很美丽，他也想去看看大海。

他感觉自己已经足够强壮了，于是决定独自闯荡一番。

妈妈，我想去看看外面的世界。

历尽艰辛，霸王龙看到了大海，此时，他已经成年了。

图书在版编目（CIP）数据

远古捕猎高手 / 雨田主编 . — 沈阳 : 辽宁美术出
版社 , 2018.8（2023.6重印）
　　（揭秘恐龙王国）
　　ISBN 978-7-5314-8025-9

　　Ⅰ . ①远… Ⅱ . ①雨… Ⅲ . ①恐龙—少儿读物 Ⅳ .
① Q915.864-49

中国版本图书馆 CIP 数据核字 (2018) 第 097535 号

出 版 社：辽宁美术出版社
地　　址：沈阳市和平区民族北街 29 号　邮编：110001
发 行 者：辽宁美术出版社
印 刷 者：北京一鑫印务有限责任公司
开　　本：650mm×950mm　1/16
印　　张：8
字　　数：53 千字
出版时间：2018 年 8 月第 1 版
印刷时间：2023 年 6 月第 3 次印刷
责任编辑：彭伟哲
装帧设计：新华智品
责任校对：郝　刚
ISBN 978-7-5314-8025-9

定　　价：39.80 元

邮购部电话：024-83833008
E-mail：lnmscbs@163.com
http：//www.lnmscbs.com
图书如有印装质量问题请与出版部联系调换
出版部电话：024-23835227